となりのきょうだい
理科でミラクル

花園ひとりじめ 編

となりのきょうだい 原作
アン・チヒョン ストーリー　ユ・ナニ まんが
イ・ジョンモ／となりのきょうだいカンパニー 監修
となりのしまい 訳

東洋経済新報社

1. お花のさつえいスポットの秘密　6
   植物はどうやって季節を見分けて、花をさかせるの？

2. はちゃめちゃ農業体験　14
   雑草はどうしてぬいても生えてくるの？

3. エイミのラッキーな1日　22
   四つ葉のクローバーは、どうして幸せを呼ぶといわれているの？

4. 真っ赤なバラとラベンダーの香り　30
   花はどうして香りがするの？

5. もやし暗殺大作戦！　38
   もやしはどうして暗いところで育てるの？

6. トムの野菜ダイエット　46
   木の葉や草はどうして緑色なの？

   となりのクイズ 1　54

7. フワフワ飛んでけ、タンポポの綿毛　56
   タンポポの綿毛はどうして飛ぶの？

8. 松にかくれたおいしい食べ物ってなーんだ？　64
   松の葉はどうしてトゲトゲなの？

9. おそうじブームがやってきた　72
   ホコリはどうやってできるの？

10. 不気味な通学路　80
    きりはどうしてできるの？

11. シワシワ、元どおりになれっ！　88
    ぬれた紙がかわくと、どうしてシワシワになるの？

12. さようなら、ボクの親知らず　96
    親知らずは絶対にぬかないといけないの？

    となりのクイズ 2　104

13 ベストショットの強い味方　106
鏡に映った自分と写真の自分はどうしてちがって見えるの?

14 ドキドキ、告白のしゅん間……?　114
はずかしいとどうして顔が赤くなるの?

15 男どうしの負けられない戦い　122
ジェットコースターに乗ると、どうして体がうく感じがするの?

16 胸が高鳴るのは君のせい　130
きん張するとどうして心臓がバクバクするの?

17 エイミの「伝説のま球」　138
水切り石は、どうしてしずまずに水面をはねるの?

18 雨が残した小さなおくり物　146
にじはどうやってできるの?

となりのクイズ 3　154

となりのレベルアップ　156

表しょう状　161

登場人物

「実は君のことが…」

トム
片思いの相手に夢中な兄。
きん張したりドキドキしたときに起こる
体の変化に興味があるよ。

「私みたいにきれい〜！」

エイミ
お花の香りが大好きな妹。
タンポポやもやしなど
身近な植物に興味があるよ。

トムとエイミは、どこにでもいる
へいぼんなきょうだい。
2人(ふたり)のまわりでは毎日(まいにち)、
楽(たの)しいことがたくさん起(お)こるみたい。
さて、今日(きょう)は何(なに)が
始(はじ)まるのでしょうか？

お花のさつえいスポットの秘密

#植物が季節を知るしくみ　#多年生植物

植物はどうやって季節を見分けて、花をさかせるの？

春に花をさかせるほとんどの植物は、花芽の状態で冬をこすよ。花芽はかたいりん片葉に包まれていて、その中に花びら、めしべ、おしべが入っている。

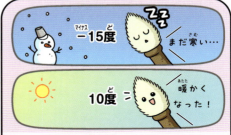

花芽は冬の間ねむっていて、春になって気温が上がり、日照時間が長くなると花をさかせる準備をするよ。

また、葉を通じて昼と夜の長さを計る植物もいるよ。昼の時間が長くなると花をさかせる準備をするんだ。

反対に夜の時間が長くなると、葉を落として、花芽を出し、冬をこす準備をするよ。

となりのサイエンス

何年も花を咲かせる多年生植物

多くの植物は春に芽を出して秋に実をつけ、種子を残してかれる。一方、かれることなく次の年にまた新たな芽を出し、花をさかせ、実をつける「多年生植物」という植物もある。多年生植物にはヨモギ、キク、レンギョウ、かきの木、梨の木などがあるよ。

多年生植物のかきの木

はちゃめちゃ農業体験

#雑草が生える理由　　#光発芽性植物

雑草はどうして ぬいても生えてくるの？

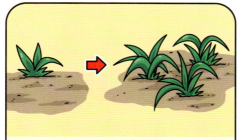

一ぱん的に雑草は、他の植物よりも種の数が多く、はんしょくのスピードも早いよ。

土の中にあった雑草の種

種は土の中にうまっていて、雑草がぬかれるときに土といっしょに地面に出る。そして、広いはん囲にまかれるんだ。

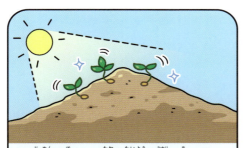

地面に出てきた種は太陽の光を浴びて、芽を出す。このように太陽の光を浴びて発芽する植物を「光発芽性植物」というよ。

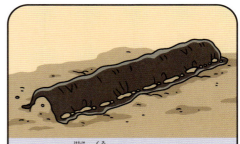

だから、畑を黒いビニールでおおうと、しつ度と温度を保つことができるだけでなく、雑草が生えるのを防ぐこともできるんだ。

となりのサイエンス

ぶどうの実には、どうして紙のふくろをかぶせるの？

ぶどうは皮がうすくて実がやわらかい果物。だから、風や害虫から守るためにふくろをかぶせておくんだ。ふくろには、農薬がぶどうに直接かかるのを防いで、色や味を保つ役割もあるよ。

③ エイミのラッキーな1日

Q 四つ葉のクローバーは、どうして幸せを呼ぶといわれているの？

シロツメクサとも呼ばれるクローバーは、くきから3枚の葉が生える。でも、ときどき4枚の葉が生えることがある。それは「生長点」と関係があるよ。

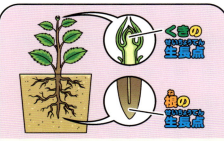

植物のくきと根の先たんには「生長点」がある。ここで細ぼう分れつが起こって、植物が大きく成長するんだ。

四つ葉のクローバーは、とつ然変異や外部のし激によって生長点が傷つくことでできるんだよ。

四つ葉のクローバーが生える確率は低い。だから西洋では幸運の象ちょうともいわれているよ。

となりのサイエンス

養分と水を運ぶくきの構造

葉から吸収した養分と根から取りこんだ水は、くきを通って移動する。その中でも水が通る管を「道管」、養分が通る管を「師管」というよ。そう子葉植物の場合、道管と師管の間にある形成層で新しい細ぼうがつくられて、くきと根が太くなるんだ。

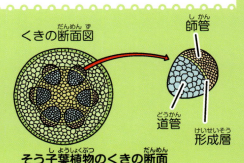

そう子葉植物のくきの断面

真っ赤なバラとラベンダーの香り

#花の香り　#花のはんしょく

Q 花はどうして香りがするの？

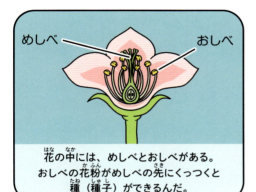

めしべ　おしべ

花の中には、めしべとおしべがある。おしべの花粉がめしべの先にくっつくと種（種子）ができるんだ。

でも花は自力で動くことができないから、こん虫の力を借りて受粉する。だから、こん虫をひきつけるためにあまい香りをただよわせているんだ。

花粉（おしべ）

ミツバチなどのこん虫は、花の香りに引き寄せられて花のみつを吸いにくる。そのときにおしべの花粉がこん虫の体にくっつくよ。

花粉

こん虫の体についた花粉が別の花のめしべにくっつくと、めしべの中に入っているはいしゅと出会って種がつくられるよ。

となりのサイエンス

ミツバチと花の共生関係

ほとんどの生き物は食べたり、食べられたりする関係にあるけれど、たがいに助けあいながら生きている生き物もいるよ。この関係を「共生関係」という。ミツバチと花も共生関係にあるんだ。花のみつを吸うかわりに、ミツバチが花のはんしょくを手伝っているからだよ。

共生関係にあるミツバチと花

5 もやし暗殺大作戦!

#光合成　#もやしさいばい

もやしはどうして暗いところで育てるの？

もやしをふくめたほとんどの植物は、大きく育つために太陽光のエネルギーで光合成をする。

でも、もやしを育てるときに太陽光をしゃ断すると、光を探して早くのびるんだ。こうして育てたもやしは、やわらかくて食べやすいよ。

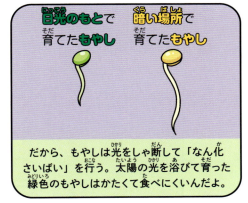

だから、もやしは光をしゃ断して「なん化さいばい」を行う。太陽の光を浴びて育った緑色のもやしはかたくて食べにくいんだよ。

でも光合成をして育ったぶん、一ぱん的な黄色いもやしよりも栄養が豊富だよ。

となりのサイエンス

光合成をしない植物

「ナンバンギセル」という植物は、光合成を行わず、ススキなどに寄生して栄養分を取り入れ、成長・はんしょくする「寄生植物」なんだ。根がなく、光合成に必要な葉緑体を持たないから、ナンバンギセルの「花へい」はうすい茶色をしているよ。他に、「世界最大の花」として知られるラフレシアなども寄生植物だよ。

寄生植物のナンバンギセル

トムの野菜ダイエット

#葉緑素　#葉脈

木の葉や草はどうして緑色なの？

葉や草には、栄養分をつくるのに必要な「葉緑素」という色素がふくまれている。葉緑素には、太陽の光からエネルギーを吸収して成長に必要な栄養分をつくる役割があるんだ。葉緑素が太陽の光を吸収するときに、緑色の光は吸収せずに反射する性質がある。だから、反射した緑色の光が目に届いて、葉や草は緑色に見えるんだよ。

となりのまめ知識

葉についているあみ目模様の線って？

葉についているあみ目模様の線を「葉脈」というよ。葉脈は人の血管のような役割を持つ、い管束の一種なんだ。い管束は水や栄養分を運ぶ通路。根から吸収した水や栄養分を葉の先まで運ぶことができるよ。

葉脈

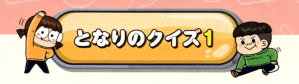

となりのクイズ1

 穴うめクイズ 　次の文章を読んで、空らんをうめよう。

花をさかせて種をつくる過程を
何年もくり返す植物を
　　　　　植物という。

答え：

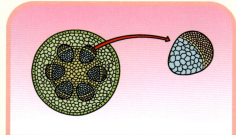

そう子葉植物の師管と
道管の間にある　　　　　で
新しい細ぼうがつくられる。

答え：

花の中にあるおしべの
　　　　　がめしべの先に
つくと種（種子）がつくられる。

答え：

葉にあみ目状に
広がっている　　　　　を
通じて水や栄養分が運ばれる。

答え：

答え：上から時計回りに、多年生、形成層、葉脈、花粉

トムの質問とエイミの返事をよく読んで正解を当ててみよう。

7 フワフワ飛んでけ、タンポポの綿毛

#タンポポの種　#植物のはんしょく

モコが外をながめているよ

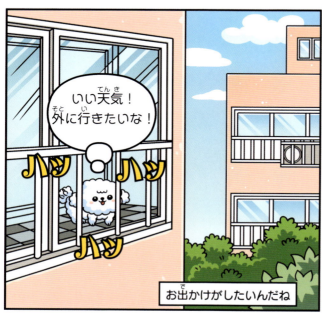

お出かけがしたいんだね

モコにはこう聞こえる

「散歩」に反応しているね

Q タンポポの綿毛はどうして飛ぶの？

タンポポは生命力とはんしょく力が高くて、道ばたでも生きられる。通常、春に黄色い花をさかせるよ。

タンポポの花がかれると下のほうに種（種子）ができて、花へいには白い綿毛のボールのように見えるかん毛という毛が生える。

風がふくと綿毛は遠くに飛ばされる。パラシュートのように風に乗って遠くまで種を運ぶよ。

風に飛ばされた綿毛は地面に落ちて、そこで成長して花をさかせる。そして、再び種を飛ばしてはんしょくするんだ。

となりのサイエンス

さまざまな方法で種を運ぶ植物

植物はさまざまな方法で種を運んではんしょくしている。タンポポやカエデは風に乗せて種を運び、豆のなかまはかんそうしたさやがはじけた勢いで種を遠くに飛ばすんだ。また、実を食べた動物のフンに混ざったり、センダングサのように動物の体にくっついて種を運んでもらう植物もあるよ。

衣服や動物の体にくっつきやすいセンダングサの種

松にかくれたおいしい食べ物ってなーんだ？

#針葉樹　#フィトンチッド

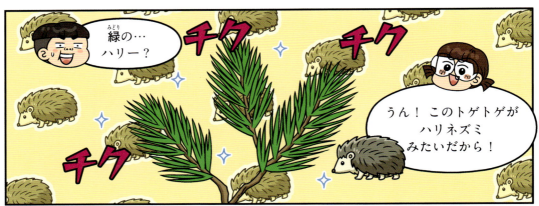

松の葉はどうしてトゲトゲなの？

シラカバ（広葉樹）　松（針葉樹）

木は葉の形で2種類に分けられる。シラカバのように平たい葉を持つ木を「広葉樹」、松のように細長い葉を持つ木を「針葉樹」というよ。

針葉樹はおもに冷帯地域に分布している。寒い地域では日光と水分が少ないため、光合成が活発に行われないんだ。

蒸散作用　蒸散作用
活発　　活発でない

だから、針葉樹はなるべく水分を外ににがさないように葉が長くするどくなっていて、葉が厚い保護まくにおおわれているよ。

また、針葉樹の葉にはアミノ酸と糖分がふくまれていて、寒くても樹液がこおらないようになっているよ。

＊蒸散作用：植物の水分が葉の気こうから水蒸気として放出される現象

となりのサイエンス

料理にも使われる松の葉

松の葉は料理に活用されることもあるよ。たとえば、かん国の蒸しもちは、蒸すときに松の葉をいっしょに入れるんだ。これには、おもちどうしがくっつくのを防ぐ役割があるよ。また、松の葉にふくまれる「フィトンチッド」が病原きん・虫・カビなどのはんしょくをおさえる防ふざいの役割をはたして、おもちがくさりにくくなるんだ。

昔から身近な植物で、蒸しもちのような料理にも使われていた

おそうじブームがやってきた

#ホコリができる理由　#ホコリ取り

ホコリはどうやってできるの?

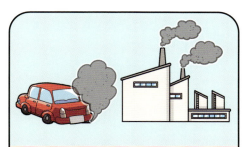

ホコリは風や火山のふん火によって自然に発生する場合と、工場や自動車のばいえんによって人工的に発生するものがあるよ。

外のホコリは服にくっついて家に入りこんだり、空気を入れかえるために窓を開けた際に家の中に入ってくるんだ。

また、人間が落としたフケなどの角質やそれを食べたダニのはいせつ物などもホコリになるよ。

ホコリは目に見えないけれど、そうじをしないと白く積もってしまう。呼吸器にもよくないから、そうじを欠かさないようにしよう。

となりのサイエンス

ホコリ取りのしくみ

かべや天井、窓わくなどのそうじにはホコリ取りが使われるよ。ホコリ取りとは、長いえの先に細いせんいがくっついたそうじ道具のこと。せんいどうしがこすれるときに生じる静電気を利用して、ホコリをからめ取るんだ。

静電気を利用したホコリ取り

不気味な通学路

#きりができる理由　#きりと雲のちがい

きりはどうしてできるの?

きりは、空気中の水蒸気がぎょう結してできた小さな水のつぶが、地面の近くにうかんでいる現象のことだよ。「ぎょう結」とは、気体である水蒸気が液体である水に変化すること。空気中の水蒸気が冷たいものにふれたり、空気の温度、つまり気温が下がることで起こるよ。だから、きりは昼と夜の気温差が大きい日に現れる。気温が高い日中は、空気中の水蒸気の量が増えるけれど、夜や早朝に急激に気温が下がると水蒸気がぎょう結するんだ。

となりのまめ知識

雲ときりって何がちがうの?

	共通点	ちがう点
きり	大気中の水蒸気がぎょう結して起こる現象	・地面の近くで起こる ・水蒸気がぎょう結してできる小さな水のつぶでできている
雲		・空高いところにうかんでいる ・小さな水のつぶの他に、水のつぶがこおってできた氷のつぶもふくまれている

シワシワ、元どおりになれっ!

#ぬれた紙がかわくとシワシワになる理由
#水のぼう張

ぬれた紙がかわくと、どうしてシワシワになるの？

せんい　水　ゼラチン

紙は木材が原料の「パルプ」というセルロースせんいの他、水やゼラチンなどさまざまな成分を混ぜてつくられている。

セルロースをけんび鏡で見てみると、炭素・酸素・水素で構成されたあみ目状になっていて、その間にはすき間があるんだ。

紙に水をこぼすと、すき間に水が入りこみ、あみ目の結びつきがほどけてしまう。そのせいで、あみ目がくずれちゃうんだ。

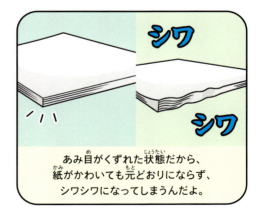

あみ目がくずれた状態だから、紙がかわいても元どおりにならず、シワシワになってしまうんだよ。

となりのサイエンス

ぬれた紙を元どおりにする方法

紙がぬれてしまったときは、かわいたタオルで水気をふきとって1日ほど冷とう庫に入れてみよう。水は液体から固体になるときにぼう張する性質を持っている。だから、せんいに入りこんだ水がこおる過程でぼう張して、シワシワになった紙が元にもどるんだよ。

さようなら、ボクの親知らず

#親知らず　#親知らずはぬくべきか

親知らずは絶対にぬかないといけないの？

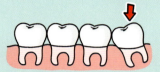

親知らずは口の一番おくに生える上下それぞれ左右の4本の歯のこと。20さい前後で生えることが多いけれど、生えない人もいるよ。

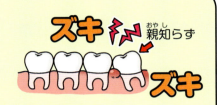

ななめに生えることが多いから、歯みがきが難しい。だから、歯の間に食べ物がはさまってえんしょうが起きる場合も多いよ。

えんしょうが起きると歯ぐきやほおがはれたり、ひどい場合には頭痛を起こすこともある。痛みを感じたらすぐに歯科に行こう。

親知らずは必ずぬかなきゃいけないわけじゃないよ。まっすぐに生えてきて、えんしょうを起こさなければぬく必要はないんだ。

ヒトの進化と親知らず

一部の学者たちの間で、親知らずは進化のこんせきともいわれている。人間がまだ生の肉を食べていたころは、かたい肉をかみ切るために大きく強いあごが必要だった。でも、食べ物を焼いて食べるようになったことであごが小さくなり、親知らずが生えるスペースがせばまったんだ。現代人のあごはどんどん小さくなっていて、親知らずがまったく生えない人もいるんだよ。

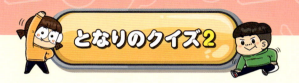

となりのクイズ 2

穴うめクイズ

次の文章を読んで、空らんをうめよう。

タンポポの ⬜︎ には
かん毛が生えているため、
遠くまで飛べる。

答え：⬜︎

平たい葉の木を広葉樹、
松のように細長い葉の木を
⬜︎ という。

答え：⬜︎

ホコリ取りはせんいどうしの
⬜︎ を利用して
ホコリをからめ取る。

答え：⬜︎

気体の水蒸気が
液体の水に変わることを
⬜︎ という。

答え：⬜︎

答え：左上から時計回りに、種（種子）、針葉樹、ぎょう縮、静電気

次の質問の正解を答えているのはトムとエイミのどちらでしょう？

Q1 タンポポは生命力とはんしょく力が強い

Q2 針葉樹はおもに寒くてかんそうした冷帯地域に分布している

Q3 親知らずが生えるのはこいをしているからだ

答え：Q1 ○トム、Q2 ○エイミ、Q3 ×エイミ

ベストショットの強い味方

#カメラのレンズのわい曲現象　#顔の認識

写真さつえいにテンションが上がるエイミ

Q 鏡に映った自分と写真の自分はどうしてちがって見えるの?

人はふだん、左側の視野に映った情報をもとに物を認識している。そして、鏡やスマホのインカメラには反転した姿が映っているんだ。

鏡では反転して、左側に左の顔がくるから、左の顔をもとに顔を認識することになる。

ところが、スマホの外側のカメラに写る姿は反転しないから、右の顔が左側にくる。だから、右の顔をもとに顔を認識することになるんだ。

ふだん見慣れている姿とちがうので、鏡に映る自分とカメラに写る自分の顔がちがうように感じるんだよ。

となりのサイエンス

カメラのわい曲現象

カメラのレンズはきょりや角度によってわい曲現象が起こる。特にスマホのカメラで人の写真をとると、とつ面鏡のように周辺部が縮んで、中央が引きのばされたように写るんだ。この現象を防いで実物と同じように写すために、最新式のスマホではさまざまな技術を使ったカメラをとうさいして、わい曲を減らしているよ。

ドキドキ、告白のしゅん間……？

#アドレナリン　#交感神経

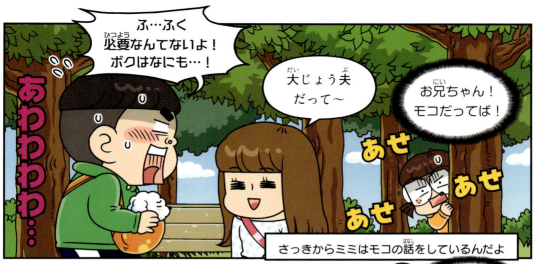

Q はずかしいとどうして顔が赤くなるの？

人ははずかしさを感じると交感神経が活発になり、アドレナリン（エピネフリン）というホルモンが分ぴつされるんだ。

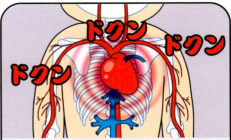

アドレナリンが分ぴつされると、こ動が速くなり、血流量が増える。そしてその状きょうを早く解決するために、脳に血液を多く送るようになるんだ。

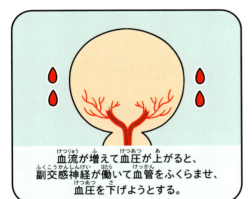

血流が増えて血圧が上がると、副交感神経が働いて血管をふくらませ、血圧を下げようとする。

このとき、顔の血管も広がって皮ふの上から血液が流れるのがよく見えるようになる。だから、顔が赤くなったように見えるんだよ。

となりのサイエンス

こわいとどうして顔が青白くなるの？

こわいときに顔が青白くなるのにも交感神経がえいきょうしているよ。こわさを感じると交感神経がし激されて血管が収縮し、血流量が減る。だから、顔が青白く見えるんだ。また、きょうふを感じたときにできる鳥はだも、血管と筋肉が収縮することで起こる現象なんだ。

15 男どうしの負けられない戦い

#重力 #垂直こう力

ジェットコースターに乗ると、どうして体がうく感じがするの?

地球には物体を地球の真ん中に引きつける力、「重力」が存在する。では、どうして物体や人の体は地面の下まで引っ張られないんだろう?

それは「垂直こう力」が働いているからなんだ。垂直こう力は重力と同じ大きさで重力と反対方向に垂直に作用している。

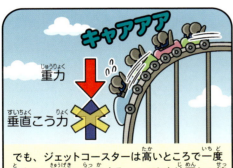

でも、ジェットコースターは高いところで一度止まり、急激に落下する。このとき地面との接地面がないから垂直こう力が働かない。

だから、体が無重力状態になって、フワっとうく感じがするんだよ。

となりのサイエンス

ボールが下に落ちる理由

「重力」とは、物体を地球の真ん中に引きつける力のこと。重力が働いているから、手に持ったボールを放すと下に落ち、ボールを上に投げても必ず下に落ちてくるんだ。重力は物体の質量が大きいほど、そして地面に近いほど強く働くよ。

胸が高鳴るのは君のせい

#交感神経　#作用と反作用

Q きん張すると どうして心臓がバクバクするの?

人はきん張したりきょうふを感じると、こ動が速くなったり、あせが出たりする。これには交感神経がえいきょうしているんだ。

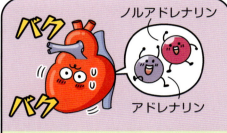

交感神経はせきずいから出て、血管や内臓に分布している。危機を感じると、「ノルアドレナリン」と「アドレナリン」が出るよ。

そうすると、こ動が速まって、どうこうが開き、肺活量も増えるんだ。また、交感神経はかんせんともつながっているからあせが出るよ。

これは危機的状きょうにおかれたときに自分を守るために、無意識のうちに起こる体の変化なんだ。

となりのサイエンス

バンパーカーにかくされた科学原理、作用と反作用

物体Aが物体Bに力を加えると、物体Aに対しても物体Bから同じ大きさのおし返す力が伝わる。これを「作用と反作用の法則」というよ。バンパーカーで車どうしがぶつかったときに、おたがいに同じ大きさのしょうげきが伝わるのもこのためなんだ。

エイミの「伝説のま球」

#水切り遊び　#表面張力

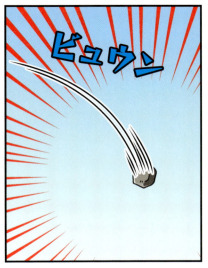

Q 水切り石は、どうしてしずまずに水面をはねるの?

表面張力

液体の表面には液体の分子が引きつけあって、できるだけ面積を小さくしようとする力が働いている。これを「表面張力」というよ。

固体は液体よりも分子どうしの結びつきが強いから、石を水に投げると、ふつうは水の表面張力を破って石は水の中に落ちてしまう。

でも、うすい石を水面と平行に投げ入れると、石が水にふれる表面積が増えて、その部分では液体の分子の結びつきが強くなるんだ。

だから、表面張力におし返されて石が水の上を飛びはねる「水切り」という現象が起こるといわれているよ。

となりのサイエンス

表面張力で水の上にうくアメンボ

アメンボは池や川に生息するこん虫で、水の上にうかんで生活しているよ。これにも表面張力がえいきょうしているんだ。アメンボの足には油の成分が付着した細かい毛がたくさんついている。このおかげで体重が分散し、表面張力によって水の上にうくことができるんだ。

水の上を歩くアメンボ
©ひろし58/PIXTA

雨が残した小さなおくり物

#光の分散　#にじができる理由

Q にじはどうやってできるの？

雨のあとににじができる理由は、空気中の水のつぶがプリズムの役割をするからなんだ。プリズムとは光をくっ折させるもので、太陽の光をプリズムに通すとさまざまな色に分かれるんだよ。雨のあとは空気中にただよう水のつぶが増える。そこに太陽の光がくっ折・反射してにじが現れるんだ。また、光の曲がる角度は赤がもっともゆるやかで、むらさきがもっとも急だから、一番上に赤い光、一番下にむらさきの光が見えるんだよ。

となりのまめ知識

にじはもともと丸い？

私たちがふだん目にするにじは半円型をしているけれど、にじは本当は丸いんだ。なぜならプリズムの役割を持つ水のつぶが丸いから、そこで反射・くっ折する光も丸い形なんだよ。でも地平線が下半分をかくしているから、半円型に見えるんだ。

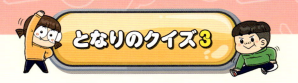

となりのクイズ 3

次の文章を読んで、空らんをうめよう。

こわいと顔が青白くなるのは
　　　　　　　神経がし激されて
血管が収縮するためだ。

答え：

重力は物体が
　　　　　　　に近づくほど
強まる。

答え：

石を水面に平行に投げ入れると、
　水にふれる　　　　　　　
が大きくなって水切りができる。

答え：

プリズムは光を
　　　　　　　させて
光をにじ色に分散させる。

答え：

154

答え：左上から時計回りに、交感、地球、く（曲）面、屈折

問題をよく読んで、下の空らんをうめよう。

よこのヒント
❶ 液体の表面で分子が引きつけあって面積を小さくしようとする力を表面○○○○○○という
❷ 鏡やスマホのインカメラには左右が○○○○した姿が映る

たてのヒント
❶ 地球が物体を地球の真ん中に引きつける力のことを○○○○○○という
❷ にじが半円に見える理由は、もともと丸いにじの一部が○○○○○によってかくれているためだ

答え：よこ ①ひょうちょうりょく（張力） ②はんたい（反転）
たて ①じゅうりょく（重力） ②ちへいせん（地平線）

となりのレベルアップ

となりのきょうだいといっしょに18個の問題を解決したよ。
問題を解いて、レベルをチェックしてみよう。

01 次のうち、花芽に関する説明として、正しくないものを選びなさい

① 植物が冬をこすための方法だ
② 花芽の中には、花びら、おしべ、めしべが入っている
③ 花がくさったあとにできるものだ
④ 冬の間はねむっていて、春になると花をさかせる準備をする

02 次のうち、ぶどうに紙のふくろをかぶせる理由として、正しくないものを選びなさい

① 害虫からぶどうを守るため
② ぶどうの味と色を保つため
③ 農薬がぶどうに直接かからないようにするため
④ ぶどうのおしゃれのため

03 次のうち、四つ葉のクローバーに関する説明として、正しい答えを選びなさい（2つ）

① クローバーの葉は2枚生えるのが一ぱん的だ
② 植物のくきの先にある生長点が傷つくことでもできる
③ とつ然変異でできるものもある
④ 昔から不幸の象ちょうといわれてきた

04 （　　）の中に入る正しい答えを選びなさい

ミツバチは花のみつを吸うかわりに、花粉を他の花に運ぶことで花のはんしょくを手伝っている。このような関係を（　　）という。

① 共生関係
② 共感関係
③ 共通関係
④ 共学関係

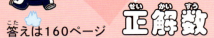

答えは160ページ　正解数　　　　個

05 植物が太陽の光からエネルギーを得る過程を何というか答えなさい

(　　　　　　　　)

もやしが黄色いのはこれをしていないからだよ！

06 次のうち、葉緑素に関する説明として正しい答えを選びなさい（2つ）

① 栄養分をつくるのに必要だ
② 太陽の光からエネルギーを吸収する
③ 太陽からの光をすべて残らず吸収する
④ 葉緑素は植物の成長とは関係ない

07 植物が種を運ぶ方法に関する次の説明文を読んで、（　　　）の中に入る正しい答えを選びなさい

（　㋐　）は風に乗せて種を運び、（　㋑　）はかんそうしたさやがはじけた勢いで種をはじき飛ばす。

① ㋐タンポポ、㋑センダングサ
② ㋐ツツジ、㋑ひまわり
③ ㋐センダングサ、㋑ツツジ
④ ㋐タンポポ、㋑豆のなかま

08 次のうち、松の葉に関する説明として正しい答えを選びなさい（2つ）

① 水分を保つのに適している
② 寒い地域で生きるのに適している
③ 光合成を行うのに適している
④ 食べ物に松の葉を入れるとくさりやすくなる

09 次のうち、ホコリができる原因として正しい答えを選びなさい（2つ）

① 風や火山のふん火などの自然現象
② ホコリのようせいのまほう
③ 人の体から落ちたフケ
④ ホコリの細ぼう分れつ

（　　　、　　　）

10 次のうち、紙に水をこぼしたときの対処法として正しい答えを選びなさい（2つ）

① かわいたタオルでふきとる
② もっと水につけて、ぬらす
③ 冷とう庫に1日入れておく
④ 水気をとるために紙をねじってしぼる

11 次のうち、親知らずに関する説明として正しくないものを選びなさい

① 口の一番おくに生える
② 必ずぬかないといけない
③ 歯ブラシが届きにくいため、えんしょうができやすい
④ 20さい前後で生えることが多い

12 （　　　）の中に入る正しい答えを選びなさい

（ きり ／ 雲 ）は空気中の
（ 酸素 ／ 水蒸気 ）がぎょう結してできた小さな水のつぶが地面の近くにうかんでいる現象のことだ。

13 （　　）の中に入る正しい答えを選びなさい

カメラのレンズは角度やきょりによって（　　　　）が起こることがある。

① さく視現象　② わい曲現象
③ 自然現象　　④ ドーナツ化現象

14 次のうち、ジェットコースターに乗ったときに体がうく感じがする理由として、正しいものを選びなさい

① 落ちるときに無重力状態になるため
② 重力が反対に働くため
③ こわくてたましいがにげていくため
④ いっしゅんだけ体重が減るため

15 次のうち、アメンボに関する説明として正しくないものを選びなさい

©ひろし５８/PIXTA

① 池や川に生息する
② 体がとても重い
③ 足にたくさんの毛が生えている
④ 表面張力で水の上にうかんでいる

16 （　　）の中に入る正しい答えを選びなさい

雨のあとににじができる理由は、空気中の（　　　　）がプリズムの役割をするためだ。

① PM2.5
② かげろう
③ 水のつぶ
④ 花粉

最後に問題を全部解いたか、もう一度確かめてから160ページにある正解を確認しよう

となりのレベルアップ 正解

01 ③　02 ④　03 ②、③　04 ①　05 光合成　06 ①、②　07 ④
08 ①、②　09 ①、③　10 ①、③　11 ②　12 きり、水蒸気　13 ②
14 ①　15 ②　16 ③

キミのレベルは？

レベルアップテストの正解を確認して、正解した数からレベルをチェックしてみよう

0〜5個
スクスク育て！
若手レベル

6〜12個
探検に出発しよう！
探検レベル

13〜16個
私に任せて！
博士レベル

第6号

表しょう状

ステキな未来が待っているで賞

なまえ：

『となりのきょうだい 理科でミラクル
花園ひとりじめ編』を最後まで読み
サイエンスを身につけたあなたには
きっとステキな未来が待っているので
ここに表しょういたします。

20　年　月　日

となりの解決団　トム&エイミ

東洋経済新報社

흔한남매의 흔한 호기심 6

Text & Illustrations Copyright © 2022 by Mirae N Co., Ltd. (I-seum)
Contents Copyright © 2022 by HeunHanCompany
Japanese translation Copyright © 2024 TOYO KEIZAI INC.

All rights reserved.

Original Korean edition was published by Mirae N Co., Ltd. (I-seum)
Japanese translation rights arranged with Mirae N Co., Ltd. (I-seum)
through Danny Hong Agency and The English Agency (Japan) Ltd.

2024年11月26日　第1刷発行
2024年12月26日　第2刷発行

原作　　　となりのきょうだい

ストーリー　アン・チヒョン

まんが　　　ユ・ナニ

監修　　　イ・ジョンモ／となりのきょうだいカンパニー

訳　　　となりのしまい

発行者　　　山田徹也

発行所　　　東洋経済新報社
　　　　　〒103-8345 東京都中央区日本橋本石町1-2-1
　　　　　電話＝東洋経済コールセンター 03(6386)1040
　　　　　https://toyokeizai.net/

ブックデザイン　bookwall

DTP　　　天龍社

印刷　　　港北メディアサービス

編集担当　長谷川愛／齋藤弘子／能井聡子

Printed in Japan　ISBN 978-4-492-85006-0

本書のコピー、スキャン、デジタル化等の無断複製は、著作権法上での例外である私的利用を除き禁じられています。本書を代行業者等の第三者に依頼してコピー、スキャンやデジタル化することは、たとえ個人や家庭内の利用であっても一切認められておりません。
落丁・乱丁本はお取替えいたします。